BEI GRIN MACHT SICH IHR WISSEN BEZAHLT

AF149737

- Wir veröffentlichen Ihre Hausarbeit,
  Bachelor- und Masterarbeit

- Ihr eigenes eBook und Buch -
  weltweit in allen wichtigen Shops

- Verdienen Sie an jedem Verkauf

Jetzt bei www.GRIN.com hochladen und kostenlos publizieren

Bibliografische Information der Deutschen Nationalbibliothek:

Die Deutsche Bibliothek verzeichnet diese Publikation in der Deutschen National-
bibliografie; detaillierte bibliografische Daten sind im Internet über http://dnb.d-
nb.de/ abrufbar.

Dieses Werk sowie alle darin enthaltenen einzelnen Beiträge und Abbildungen
sind urheberrechtlich geschützt. Jede Verwertung, die nicht ausdrücklich vom
Urheberrechtsschutz zugelassen ist, bedarf der vorherigen Zustimmung des Verla-
ges. Das gilt insbesondere für Vervielfältigungen, Bearbeitungen, Übersetzungen,
Mikroverfilmungen, Auswertungen durch Datenbanken und für die Einspeicherung
und Verarbeitung in elektronische Systeme. Alle Rechte, auch die des auszugsweisen
Nachdrucks, der fotomechanischen Wiedergabe (einschließlich Mikrokopie) sowie
der Auswertung durch Datenbanken oder ähnliche Einrichtungen, vorbehalten.

Impressum:

Copyright © 2009 GRIN Verlag, Open Publishing GmbH
Druck und Bindung: Books on Demand GmbH, Norderstedt Germany
ISBN: 9783656482499

Dieses Buch bei GRIN:

http://www.grin.com/de/e-book/152523/medienkonzept

Ron Klug

Medienkonzept

Einsatz eines Medienpakets zur Erarbeitung der Sonderkulturen am Oberrheingraben im Geographieunterricht in Klassenstufe 5

GRIN Verlag

GRIN - Your knowledge has value

Der GRIN Verlag publiziert seit 1998 wissenschaftliche Arbeiten von Studenten, Hochschullehrern und anderen Akademikern als eBook und gedrucktes Buch. Die Verlagswebsite www.grin.com ist die ideale Plattform zur Veröffentlichung von Hausarbeiten, Abschlussarbeiten, wissenschaftlichen Aufsätzen, Dissertationen und Fachbüchern.

Besuchen Sie uns im Internet:

http://www.grin.com/

http://www.facebook.com/grincom

http://www.twitter.com/grin_com

Seminarleitung:
Studienreferendar: Ron Klug

Datum: 27.04.2009

Medienkonzept

Thema:

„Einsatz eines Medienpakets zur Erarbeitung der Sonderkulturen am Oberrheingraben im Geographieunterricht in Klassenstufe 5"

verwendete Literatur:

Kultusministerium des Landes Sachsen-Anhalt (2003): Rahmenrichtlinien Gymnasium. Geographie, 5-12.

Landesinstitut für Lehrerfortbildung, Lehrerweiterbildung und Unterrichtsforschung von Sachsen-Anhalt (Hrsg.), (2001): Neue Medien im Geographieunterricht. Handreichung für die Sekundarstufe I.

Landesinstitut für Lehrerfortbildung, Lehrerweiterbildung und Unterrichtsforschung von Sachsen-Anhalt (Hrsg.), (2005): Entwicklung von Methodenkompetenz im Geographieunterricht.

Rinschede, G. (2005): Geographiedidaktik. 2. Auflage.

Volkmann, H. (1994): Handelnder Umgang mit Medien im Geographieunterricht. In: Praxis Geographie, Heft 7-8, 24. Jg., S. 4-8.

Inhaltsverzeichnis

1 Vorüberlegungen zum Medieneinsatz

Die Anlage dieses Konzepts bezieht sich grundsätzlich auf eine mögliche, durchzuführende unterrichtspraktische Einheit, nicht jedoch auf eine bereits erfolgte Realisation. Dieses Medienkonzept geht somit über den Status der bloßen Planung zwar nicht hinaus, soll jedoch einen Einsatz in der Schulpraxis anregen und die Durchführbarkeit durch eine fundierte Konzeption absichern.

Medien sind unverzichtbare Konstituenten eines jeden Lehr- u. Lernprozesses. Sie sprechen die verschiedensten Sinne an, eignen sich für verschiedene Lerntypen in unterschiedlicher Art und Weise, initiieren selbstständige Denk- und Handlungsprozesse der Schüler[1] und sind eine Voraussetzung für die Methodenvielfalt im Unterricht. Medien machen auf diese Weise einen abwechslungsreichen und interessanten Unterricht erst möglich.

Im unterrichtlichen Lernprozess haben Medien die Funktion einer Vermittlung zwischen der Wirklichkeit und dem Lernenden (vgl. Rinschede 2005, S. 288f.). Die Unterrichtsmedien lassen sich je nach Lernziel und Unterrichtsgegenstand in vielfältige Kategorien gliedern (vgl. ebd.).

Die zahlreichen Möglichkeiten zur „medialen Vermittlung von Wirklichkeit" eröffnen zugleich das notwendige Spannungsfeld, in dem die didaktische Begründung für die Wahl eines bestimmten Mediums getroffen werden muss (Volkmann 1994, S. 6f.). Dieser Schwerpunkt ist ein hauptsächlicher Gegenstand des vorliegenden Medienkonzepts. Die *Lei(d)tfrage* könnte deshalb lauten: *„Welches* Medium nutze ich zu *welchem* Inhalt in *welcher* Unterrichtsphase und mit *welchem* Ziel?".

Geographieunterricht behandelt neben Nahräumen zumeist weit entfernte unbekannte Räume. Um diese für die Schüler bestmöglich erfahrbar zu machen, nutzt der professionelle Geographielehrer ein Medien-Repertoire, das zum Teil eine hohe Diversität aufweist. Allerdings gilt hierbei eben gerade nicht das Motto: „Viel hilft viel". Die Anforderungen an ein Medium sind mitunter enorm: es soll anschaulich, einprägsam und optisch ansprechend sein, einen hohen Wiedererkennungswert haben, es sollte zum Entwicklungsstand und zur Erfahrungswelt der Schüler passen, aber auch unbekannt sein, motivieren, verblüffen und provozieren und eine Fragehaltung hervorrufen. Da sich der Medieneinsatz immer auf einen konkreten Unterrichtseinsatz bezieht, erfolgt zunächst eine kurze Betrachtung der maßgeblichen Bedingungen.

---

[1] Die verwendeten Personenbezeichnungen sind geschlechtsneutral. Auf die durchgängige Verwendung der weiblichen und männlichen Form wird aus stilistischen Gründen verzichtet.

1.1   Lerngruppe

Der Einsatz des Medienpakets soll in einer Klasse der fünften Jahrgangsstufe zur Erarbeitung der Sonderkulturen am Oberrheingraben erfolgen. Es ist davon auszuge-
hen, dass die Schüler dem Lerngegenstand und der Vielfalt der eingesetzten Medien
neugierig und aufgeschlossen gegenüberstehen.

Es handelt sich um 10-jährige Schüler, die den Unterricht überwiegend mit Inte-
resse und Eifer verfolgen. Neben ausgeprägter Begeisterungsfähigkeit sind die Schüler in diesem Alter jedoch auch sehr unruhig und üben zahlreiche Nebenaktivitäten
aus. Diesem Umstand soll durch einen abwechslungsreichen Medieneinsatz entge-
gengewirkt werden.

Einige Schüler, und das ist nicht untypisch, haben eine ausgeprägte Lese-
Rechtschreib-Schwäche. Hier wird mit Gewährung von mehr Zeit bei der Bearbeitung
von Aufgaben gegengesteuert. Da einige Schüler sehr aktiv und nervös sind, werden
immer wieder Stillarbeitsphasen eingeplant, um die Konzentrationsfähigkeit zu fördern. Den erkennbaren Leistungsunterschieden im Klassenverband wird durch eine
differenzierte Aufgabenstellung Rechnung getragen.

1.2   Bezug zu den Rahmenrichtlinien

In der Klassenstufe fünf bildet der Lebensraum Deutschland den Hauptbestandteil des
geographischen Curriculums (vgl. Kultusministerium des Landes Sachsen-Anhalt
2003, S. 40). Neben den Naturräumen, Industrieräumen und Tourismus und Verkehr
ist die Behandlung der Agrarräume vorgesehen. Hier geht es insbesondere um die
naturgeographischen Voraussetzungen der Agrarräume, Klimagunst, ausgewählte
Formen der Landwirtschaft und landwirtschaftliche Produkte. Der Anbau von Sonderkulturen kann hier exemplarisch am Oberrheingraben gezeigt werden.

1.3   Sachanalyse

Der Oberrheingraben ermöglicht durch seine Klimagunst eine besondere landwirtschaftliche Nutzung. Im Schnitt sind die Temperaturen hier etwas höher als im übrigen
Deutschland. Durch die umgebenden Gebirge Vogesen, Schwarzwald und Rheini-
sches Schiefergebirge ist der Oberrheingraben vor Kaltlufteinbrüchen geschützt, nur
durch die Burgundische Pforte im Süden können warme Luftströmungen aus südlicher
Richtung eindringen. Die Klimagunst hat sich der Mensch im landwirtschaftlichen An-

2

bau zu Nutze gemacht. Es werden Sonderkulturen wie Spargel, Obst, Wein und Tabak angebaut. Diese Anbauprodukte werden als Sonderkulturen bezeichnet, da sie hohe Ansprüche an das Klima haben. Spargel und Tabak werden in der Tiefebene angebaut, Wein und Obst dagegen in Hanglagen mit Südexposition, um die Sonnenscheindauer optimal zu nutzen.

1.4 Didaktisch-methodische Überlegungen

Medien haben im Lehr- und Lernprozess eine wichtige Funktion, denn ein Lernen ohne Medien ist nur schwer möglich. Die Vielzahl von Medien erfüllt dabei folgende Funktionen: sie vermitteln Informationen, methodische Fähigkeiten und Fertigkeiten, regen Kommunikationsprozesse an, fördern Einstellungen und Haltungen und setzen Handlungsprozesse in Gang (Rinschede 2005, S. 291). Das Medienkonzept ist also nicht nur eine Möglichkeit der Reflexion über die im Unterricht einzusetzenden Medien, sondern steht in engem Zusammenhang mit dem Methodentraining und der Ausprägung einer Medienkompetenz (vgl. LISA 2005, S. 5f.).

Da eine ständige Erweiterung des vorhandenen Weltwissens stattfindet, gibt es zwangsläufig Grenzen, die im Wissenserwerb auftreten (vgl. LISA 2001, S. 4). Für den Geographieunterricht hat das zur Folge, dass die Schüler im Rahmen einer auszubildenden Methoden- und Medienkompetenz befähigt werden müssen, sich Wissen im Lebensverlauf selbstständig aneignen zu können. Die Schüler lernen durch die im Geographieunterricht eingesetzten Medien einen adäquaten Umgang mit diesen und können ihnen gezielt Informationen entnehmen (vgl. LISA 2005, S. 7).

1.5 Lernziele

Die Behandlung des Oberrheingrabens erweitert das Wissen der Schüler über ihren Heimatraum Deutschland und sie können dieses Wissen mit bisher gelernten geographischen Inhalten in Beziehung setzen. Die Schüler können die wesentlichen Informationen eines auditiv und visuell präsentierten Textes zusammenfassen. Sie wissen, dass im Oberrheingraben landwirtschaftlichen Sonderkulturen angebaut werden und dass dies durch eine Klimagunst begründet ist. Sie erlangen eine räumliche Orientierung über das Anbaugebiet, indem sie einer Kartendarstellung zielgerichtet Informationen entnehmen. In einem Arbeitsblatt können sie das gelernte Wissen anwenden.

2 Kritische Darstellung des Medieneinsatzes

In der Unterrichtsstunde sollen neben den typischen geographischen Medien (Atlas und Wandkarte) auch themenbezogene Medien wie Song, Lehrbuchtext, Overhead-Transparent, Arbeitsblatt und Realien eingesetzt werden. Es erfolgt eine kritische Betrachtung des Medieneinsatzes in Bezug auf Vor- und Nachteile und Möglichkeiten des Kompetenzerwerbs.

2.1 Song

Der Einstieg in die Unterrichtsstunde soll durch einen Song motivierend gestaltet werden. Das Lied der Loreley[2] erzählt die Legende der gleichnamigen Jungfrau, die in früheren Zeiten die Geschicke der Schiffer auf dem Rhein beeinflusste. Mit diesem auditiven Medium sollen die Schüler auf den zu behandelnden Raum eingestimmt werden. Da der Song von etwa gleichaltrigen Schülern gesungen wird, entsteht ein hohes Moment der Identifikation. Kinder sind in dieser Altersphase für sagenhafte Inhalte aufgeschlossen. Neben diesen Vorteilen könnte es jedoch sein, dass die Schüler durch die Flüchtigkeit der gesprochenen Sprache Behaltensschwierigkeiten haben, vom Gehörten überfordert sind und Inhalte nicht vollständig erfassen können. Hier könnte eine Unterstützung durch visuelle Präsentation des Songtextes Abhilfe leisten.

Der Song dient als auditives Medium der Förderung des *Hörverstehens*. Die Schüler sollen den Inhalt und den thematisierten Raum also allein durch Zuhören erschließen. Das Hörverstehen ist eine Kompetenz, die eine Schlüsselqualifikation im gesamten Schulcurriculum darstellt und nicht nur im Sprachunterricht kontinuierlich gefördert werden sollte.

2.2 Overhead-Transparent

Gestützt wird die Phase des Hörverstehens durch die zeitgleiche Präsentation eines Overhead-Transparents, auf welchem die Sagenfigur Loreley bildlich dargestellt ist. Dieses visuelle Medium kann den Prozess des Hörverstehens erleichtern, da die gehörten Inhalte mit Bildelementen in einen Zusammenhang gebracht werden können. Weiterhin trainieren die Schüler ihre Fähigkeiten zur *Bildbeschreibung* und festigen den *sprachlichen Ausdruck*. Alternativ könnte die visuelle Präsentation z.B. nicht zeitgleich, sondern im Anschluss an den Höreindruck erfolgen, damit sich die Schüler voll und ganz auf den Prozess des Hörverstehens konzentrieren können und eine Ablenkung ausgeschlossen ist.

---

[2] Hierbei handelt es sich eine Vertonung des Gedichts von Heinrich Heine.

2.3 Realien

Realien wie Weintrauben, Spargel, Tabakblätter und Etiketten von Weinflaschen, führen den Schülern die landwirtschaftlichen Nutzungsmöglichkeiten des Oberrheingrabens in ihrer Vielfalt und Besonderheit vor Augen. Zur Begegnung mit authentischem Material gibt es grundsätzlich keine begründbare Alternative. Der Rückgriff auf Realien dient an dieser Stelle der *unmittelbaren Erfahrbarkeit*. Die Schüler sollen hier mit den Sinnen Tasten, Riechen, Schmecken (letzterer bezieht sich nur auf die Weintrauben!) angesprochen werden.

2.4 Wandkarte und Atlas

Die Wandkarte und der Atlas sind unerlässliche, fachbezogene Medien im Geographieunterricht. Auf der Wandkarte erfolgt eine Eingrenzung und Beschreibung des behandelten Raumes Oberrheingraben. Die Karte fördert somit die *kognitiven* Leistungen der Schüler, weil sie eine konkrete Lageorientierung erwerben.

Die thematische Atlaskarte ermöglicht Aussagen über die Verbreitung, genaue Lage und Anbaumengen der einzelnen Sonderkulturen. Die Atlaskarte trägt auf diesem Weg ebenfalls zu einer Erweiterung der *kognitiven* Leistungen der Schüler bei und fördert die in den Rahmenrichtlinien geforderte *raumbezogene Handlungskompetenz*. Im instrumentellen Bereich festigen die Schüler ihre *Kartenkompetenz*, indem sie lernen, sich mit Hilfe einer Karte zu orientieren.

2.5 Lehrbuch und Arbeitsblatt

Das Lehrbuch bietet einen Text, der Einsicht in die naturgeographischen Gegebenheiten des Oberrheingrabens gibt und Informationen über eine Auswahl der Sonderkulturen liefert. Durch den Lehrbuchtext werden die Schüler *kognitiv* angesprochen, denn sie erweitern ihr Wissen. Ebenso festigen sie ihre Kompetenz, einem Text zielgerichtet Informationen zu entnehmen. Die Fähigkeit zur Textanalyse (*Sachtextanalyse*) spielt in allen Unterrichtsfächern eine wichtige Rolle. Eine mögliche Alternative wäre die Darbietung durch einen Lehrervortrag, mit Blick auf eine bereits erfolgte auditive Darbietung (Song) und die Informationsfülle, erscheint die Arbeit mit einem visuellen Medium (Text) jedoch angemessen.

Die Ergebnissicherung soll mit einem Arbeitsblatt geleistet werden. Die bisherigen Inhalte werden hier von den Schülern *kognitiv* und *instrumentell* abgerufen. Bei der Bearbeitung kann eine *Leistungsdifferenzierung* durchgeführt werden, leistungsschwache Schüler könnten bei der Bearbeitung bspw. die thematische Karte aus dem Atlas verwenden.

3. Anhang

Kurzentwurf des geplanten Medieneinsatzes

Zeit	Phase	Inhalt	Medium
07:30	Motivierung	S. hören Song, beschreiben Inhalte und benennen den Raum	Song Overhead-Transparent
	Darbietung	S. erfassen Realien, benennen, äußern Vorwissen	Realien
07:40	Erarbeitung	S. nehmen Lagebeschreibung vor, erarbeiten Anbaumenge und Verbreitung des Anbaus	Wandkarte Atlas
		Erarbeitung der naturgeographischen Grundlagen und Beschreibung der Sonderkulturen	Lehrbuch
08:00 bis 08:15	Ergebnissicherung	S. sichern ihr Wissen indem sie ein Arbeitsblatt bearbeiten	Arbeitsblatt

M1: Songtext Loreley
Quelle: Diercke Geographie. Für Gymnasien in Sachsen-Anhalt. 2008, S. 58.

M2: Die Loreley   Quelle: www.goethezeitportal.de (22.04.2009)

6

BEI GRIN MACHT SICH IHR
WISSEN BEZAHLT

- Wir veröffentlichen Ihre Hausarbeit,
  Bachelor- und Masterarbeit

- Ihr eigenes eBook und Buch -
  weltweit in allen wichtigen Shops

- Verdienen Sie an jedem Verkauf

Jetzt bei www.GRIN.com hochladen
und kostenlos publizieren